恐龙博物馆历险记 1

误闯恐龙世界

（日）伊东章夫 著
（日）真锅真 监修
朱悦玮 译

辽宁科学技术出版社
·沈阳·

本书恐龙小档案

名字 ●分类 ♥身长 ♠食物 ♦生存时期 ♣发现化石的地方

埃德蒙顿龙

- ● 鸟脚类
- ♥ 全长约 13 米
- ♠ 植食
- ♦ 白垩纪晚期
- ♣ 美国、加拿大

奔山龙

- ● 鸟脚类
- ♥ 全长约 2.5 米
- ♠ 植食
- ♦ 白垩纪晚期
- ♣ 美国

盔龙

- ● 鸟脚类
- ♥ 全长约 10 米
- ♠ 植食
- ♦ 白垩纪晚期
- ♣ 美国、加拿大

栉龙

- ● 鸟脚类
- ♥ 全长约 9 米
- ♠ 植食
- ♦ 白垩纪晚期
- ♣ 美国、加拿大、蒙古

本书恐龙小档案

名字 ●分类 ♥身长 ♠食物 ♦生存时期 ♣发现化石的地方

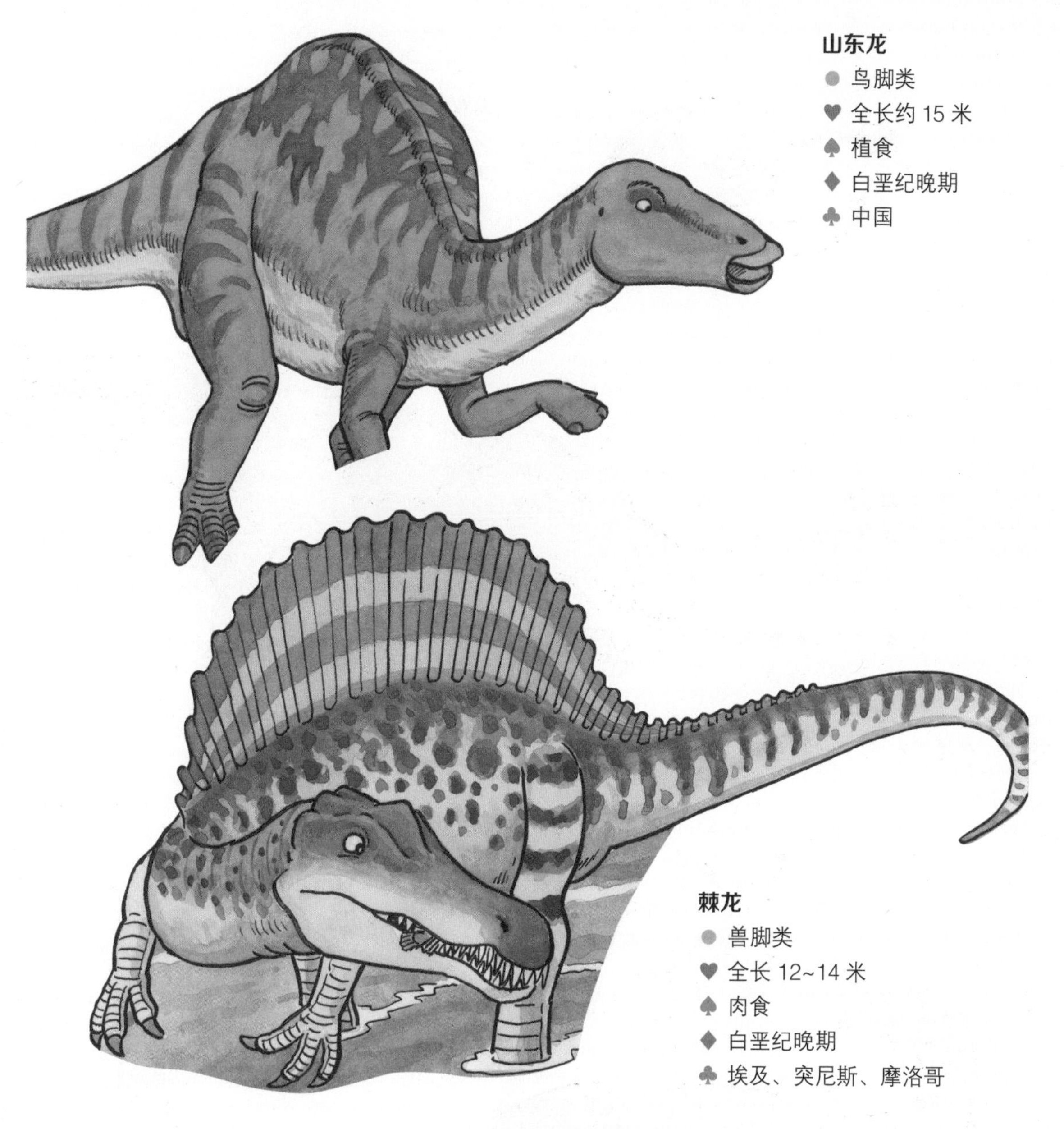

山东龙

- ● 鸟脚类
- ♥ 全长约 15 米
- ♠ 植食
- ♦ 白垩纪晚期
- ♣ 中国

棘龙

- ● 兽脚类
- ♥ 全长 12~14 米
- ♠ 肉食
- ♦ 白垩纪晚期
- ♣ 埃及、突尼斯、摩洛哥

恐鳄

- ● 鳄类
- ♥ 全长 14~15 米
- ♠ 肉食
- ♦ 白垩纪晚期
- ♣ 北非、欧洲

本书恐龙小档案

名字 ● 分类 ♥ 身长 ♠ 食物 ◆ 生存时期 ♣ 发现化石的地方

真双齿翼龙
- ● 翼龙类
- ♥ 全长约 1 米、翼展 1.4 米
- ♠ 肉食（鱼类）
- ◆ 侏罗纪早期
- ♣ 英国

霸王龙
- ● 兽脚类
- ♥ 全长约 13 米
- ♠ 肉食
- ◆ 白垩纪晚期
- ♣ 美国、加拿大

腱龙
- ● 鸟脚类
- ♥ 全长约 6.5 米
- ♠ 植食
- ◆ 白垩纪早期
- ♣ 美国

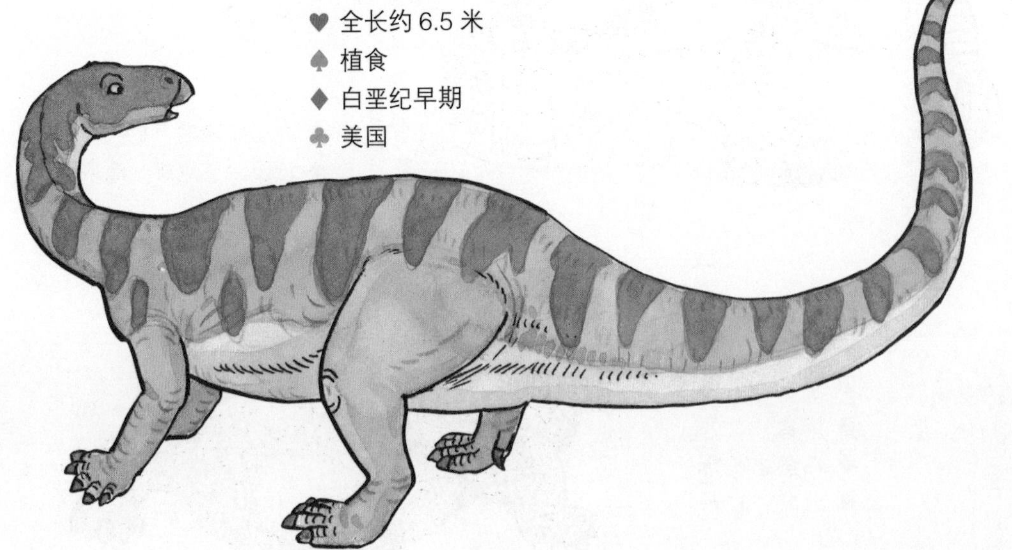

本书恐龙小档案

名字 ●分类 ♥身长 ♠食物 ♦生存时期 ♣发现化石的地方

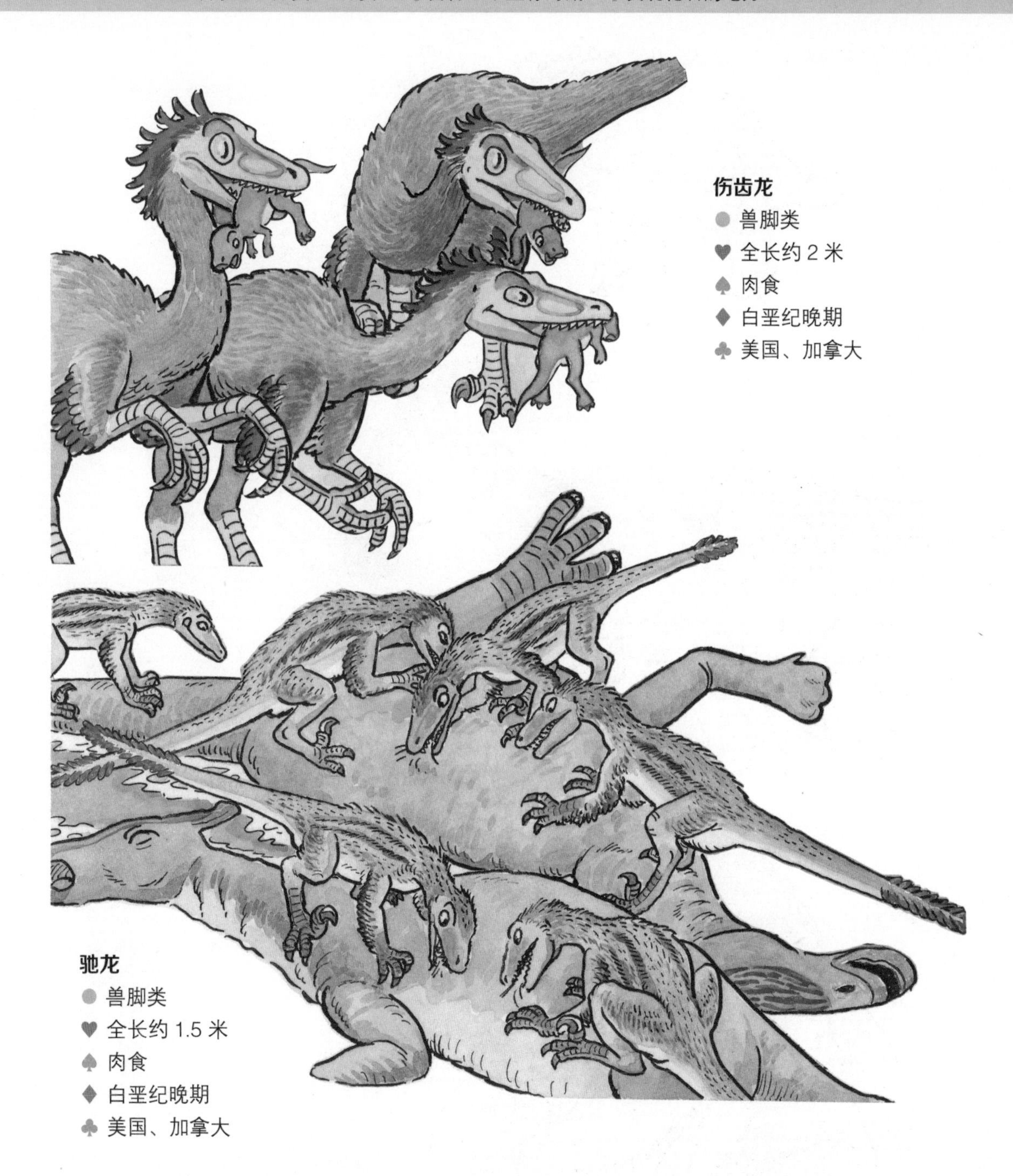

伤齿龙
● 兽脚类
♥ 全长约 2 米
♠ 肉食
♦ 白垩纪晚期
♣ 美国、加拿大

驰龙
● 兽脚类
♥ 全长约 1.5 米
♠ 肉食
♦ 白垩纪晚期
♣ 美国、加拿大

结节龙
● 甲龙类
♥ 全长约 5 米
♠ 植食
♦ 白垩纪晚期
♣ 美国、加拿大

本书恐龙小档案

名字 ●分类 ♥身长 ♠食物 ♦生存时期 ♣发现化石的地方

厚鼻龙
- ● 头饰龙类
- ♥ 全长约 6 米
- ♠ 植食
- ♦ 白垩纪晚期
- ♣ 美国、加拿大

副栉龙
- ● 鸟脚类
- ♥ 全长约 10 米
- ♠ 植食
- ♦ 白垩纪晚期
- ♣ 美国、加拿大

重爪龙
- ● 兽脚类
- ♥ 全长约 8 米
- ♠ 肉食（鱼类）
- ♦ 白垩纪早期
- ♣ 英国

本书恐龙小档案

名字　● 分类　♥ 身长　♠ 食物　♦ 生存时期　♣ 发现化石的地方

慈母龙
- ● 鸟脚类
- ♥ 全长约 9 米
- ♠ 植食
- ♦ 白垩纪晚期
- ♣ 美国、加拿大

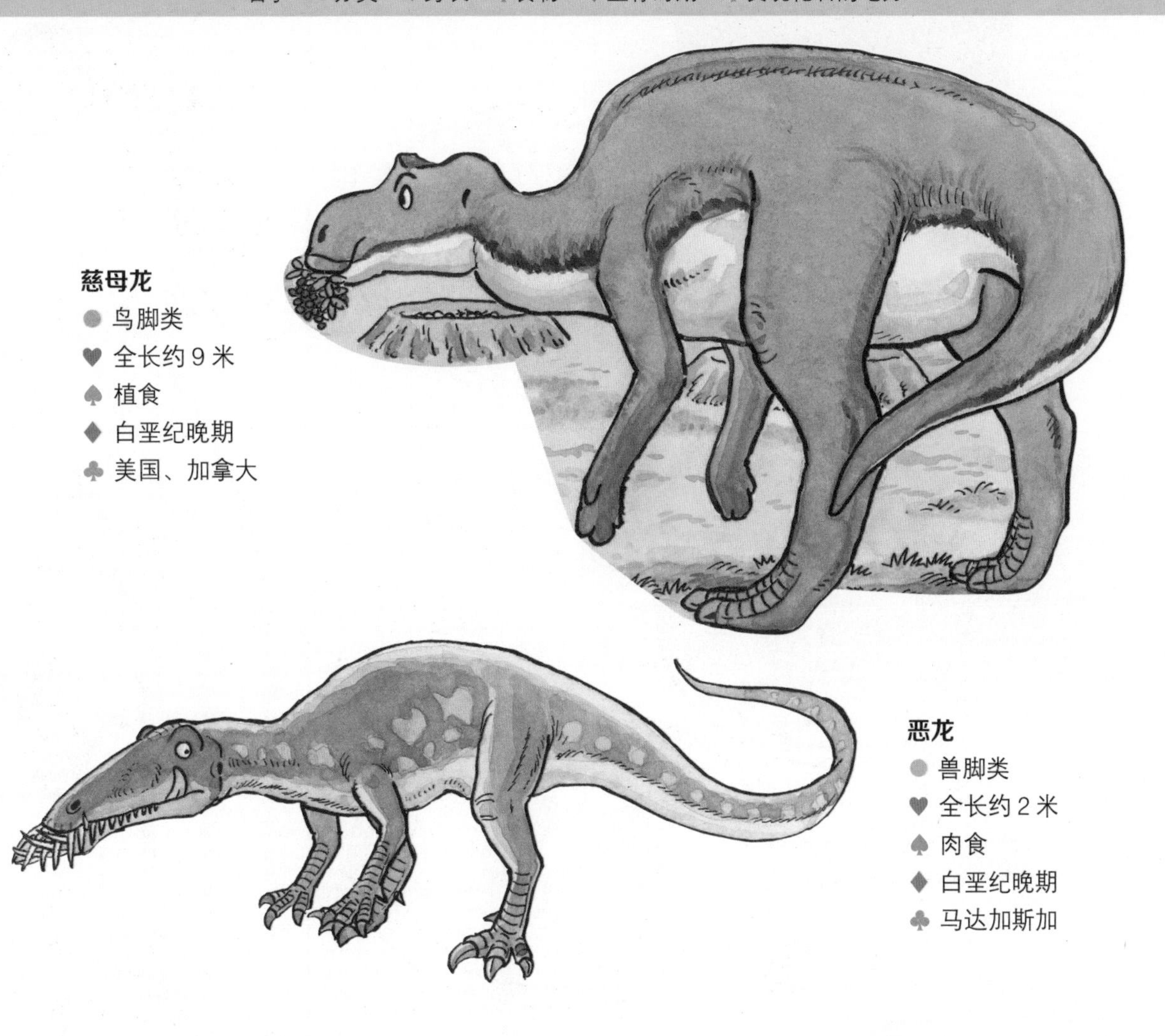

恶龙
- ● 兽脚类
- ♥ 全长约 2 米
- ♠ 肉食
- ♦ 白垩纪晚期
- ♣ 马达加斯加

赖氏龙
- ● 鸟脚类
- ♠ 植食
- ♦ 白垩纪晚期
- ♣ 美国、加拿大、墨西哥

大约 2 亿 5100 万年前

恐龙的生存时代

三叠纪

三叠纪晚期的地球
● 2 亿 3700 万年前—1 亿 9960 万年前

大约 1 亿 9960 万年前

侏罗纪

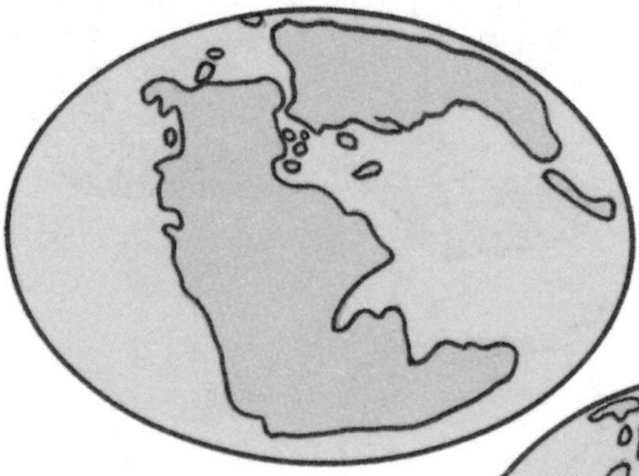

侏罗纪早期的地球
● 1 亿 9960 万年前—1 亿 7560 万年前

侏罗纪中晚期的地球
● 1 亿 7560 万年前—1 亿 4550 万年前

大约 1 亿 4550 万年前

白垩纪

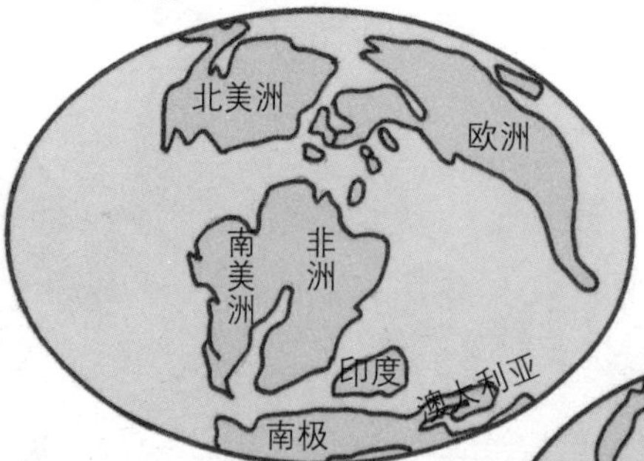

白垩纪早期的地球
● 1 亿 4550 万年前—1 亿 50 万年前

白垩纪晚期的地球
● 1 亿 50 万年前—6600 万年前

大约 6600 万年前

新生代

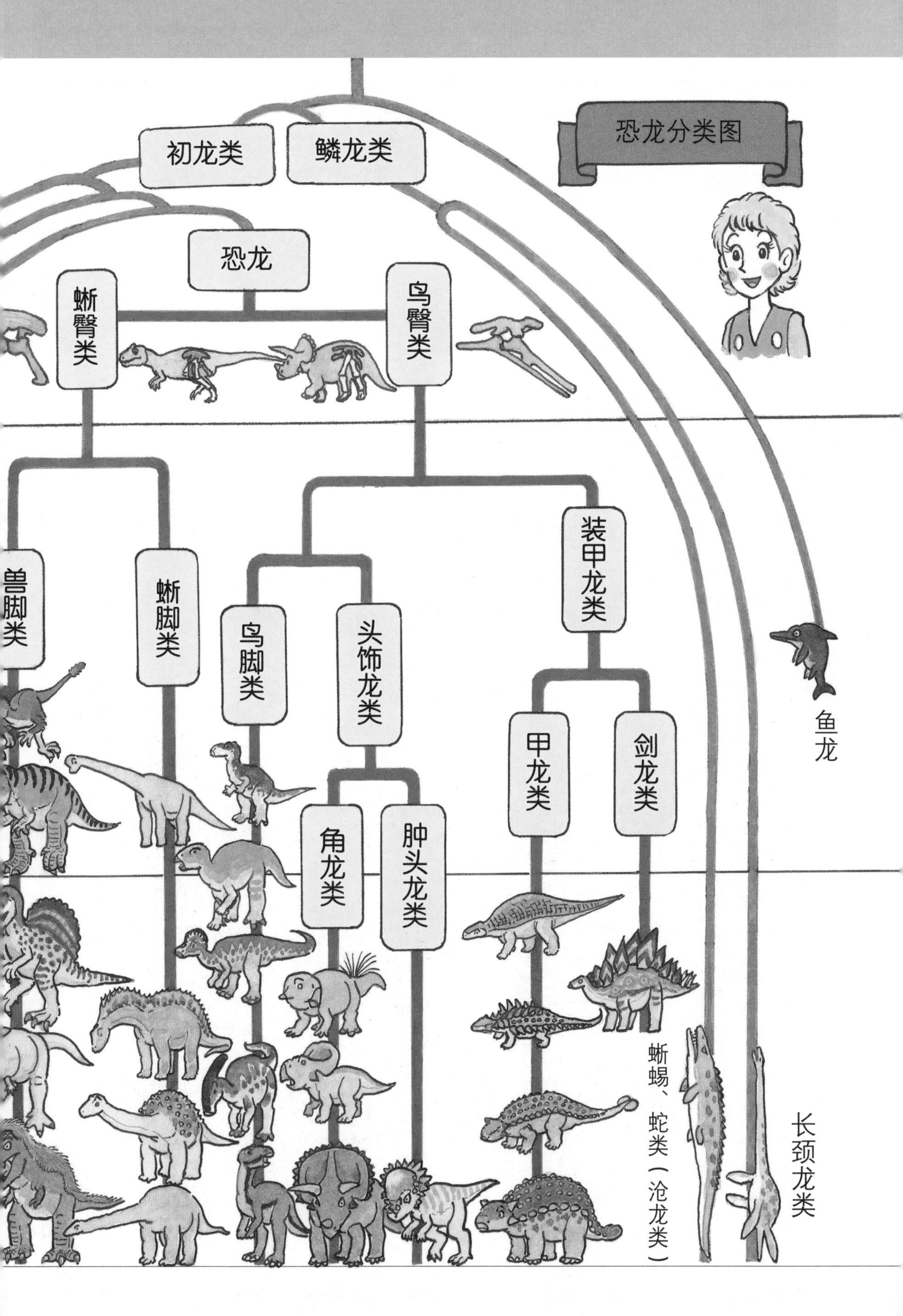

恐龙分类图
初龙类
鳞龙类
恐龙
蜥臀类
鸟臀类
兽脚类
蜥脚类
鸟脚类
头饰龙类
装甲龙类
角龙类
肿头龙类
甲龙类
剑龙类
鱼龙
蜥蜴、蛇类（沧龙类）
长颈龙类

目 录

恐龙博物馆探险

恐龙博物馆
又要去恐龙博物馆探险啦！

这个恐龙博物馆我们来过很多次了。
当然，因为我们是恐龙三人组嘛！

拉开

今天不开放吗？

怎么一个人也没有呢？
或许别人对恐龙不感兴趣吧。

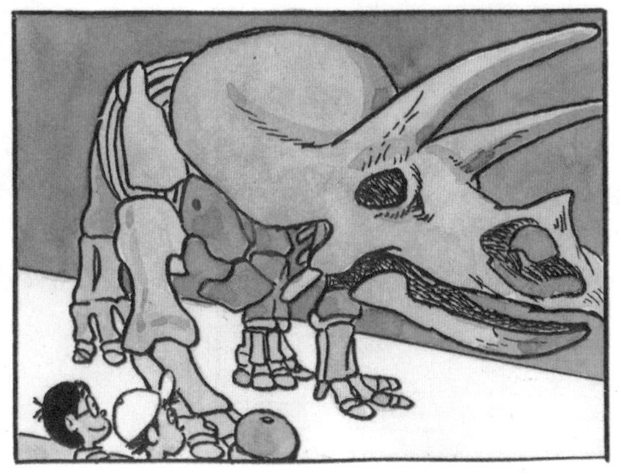

博物馆里
没人的时
候，还挺
恐怖的呢。

就连恐龙模型
都突然变得可
怕起来了！

呼噜噜

哇！
爬过

是巨型蟑螂！
好大啊！
爬过

哇！
嗖！
哎呀！
快速爬过

那……
那是什么？
是蝙蝠吗？
咬住

这么大的
蝙蝠？
有那种蝙蝠吗？

看起来好像
是翼龙！
翼龙……

有点儿像生活
在侏罗纪的真
双齿翼龙。
确实是
真双齿
翼龙！

它在那儿！
别让它
逃了！
快追！

它飞进那间
屋子里了。

把门打开！！
啪嚓

哇！
糟了，
这里没
有地板！

咚
咯咯咯
着陆了！

瞧，真双齿翼龙
逃到下面去了！

我要追它到
天涯海角！
要不，还是
算了吧。
太危险了！

奇怪？这儿竟然
有个绳梯！

我们下去
看看吧。

一个
一个来！

你们也
下来吧！

这儿有
个隧道。
进去看看。

这路可真
不好走呀！

那家伙飞到
哪儿去了呢？

这地方阴森森的。

这究竟是什么
隧道呢？

难道是
矿洞吗？

也有可能是为了
寻找财宝而挖掘
的隧道哦！

到底通向
什么地方呢？
我们还是回去吧。

小胖，你该
不会是害怕
了吧？
我才没害怕呢！

可是你的脸都
吓变形了呢！

你说什么？
越来越扭曲了！

这么说的话，
阿学的脸也变
形了啊！
哎

小健也是呢！
哎呀！

好奇怪呀，你
的整个身体都
扭曲了呢！
我这是
怎么了？

太奇怪了！
这到底是怎
么回事儿？
感觉轻
飘飘的。

就好像飘浮在
太空中一样。

哎呀，真的
飘起来了！
我的脚
够不着
地面了！
看，有光！
可能是
出口吧。

好刺眼啊！

我们，好像
出来了……

哎，这是
哪里啊？
这景象……

恐龙的世界
这个景象好像是我们在恐龙图鉴中看到过的……

该不会是在做梦吧？
掐一下脸蛋试试？

好疼！你太用力了吧。
看来不是做梦。
用力

我们可能是进入了神秘地带吧？
不会吧？

那是……

嗖
咬住

刚才那个怪物！
抓住了！

果然是一头真双齿翼龙！是侏罗纪的翼龙！
别害怕，我们不会伤害你的。

我们先给它测量一下吧？
翼展1.4米。
它在发抖呢！

不好意思，我们只是确认一下！
啪嗒啪嗒

快看，这里有个大脚印！

这么大，肯定是恐龙的脚印。

也就是说，侏罗纪的恐龙……
就在这附近！

我们在这里系
一个蓝手绢吧，
以防一会儿找
不到回去的路。
做个记号。

还有鸟类呀！
是鹭和野鸭吧？
好像是。

那就有点儿奇怪了，
鹭和野鸭不是白垩纪
才出现的吗？
是啊，白垩纪的
时候没有侏罗纪
的真双齿翼龙啊。

咔嚓咔嚓
惊讶

出现了两个
大家伙！
结节龙
腱龙

吹气 吹气

吃草
吃草

不必害怕，这两个大家伙都是温顺的食草龙。
它们也知道我们不会伤害它们。

咦，它们怎么开始发抖了？
颤抖
颤抖

别怕，别怕。
别跑啊！

呼噜噜噜
？
？
？

回头

哇！
呼噜噜噜

是霸王龙！
快跑啊！
等等我！
嗒嗒嗒嗒
啊嗷

救命啊——

太危险了！
好像没追过来。
我们赶紧
离开这里吧！
差点儿就被
吃掉了！

我们刚才是从哪儿出来的？
有蓝手绢的地方……

蓝手绢？
没有啊！

怎么找都找不到。
为什么找不到呢？

我们是不是迷路了？
如果找不到，我们就要一辈子困在这里了？
我才不要呢！

呼噜噜
哎呀！是刚才那只霸王龙！

霸王龙
霸王龙是最晚灭绝的恐龙之一，体型庞大，咬合力惊人，是凶猛的食肉恐龙。
它还没放弃吗？
真是个难缠的家伙！

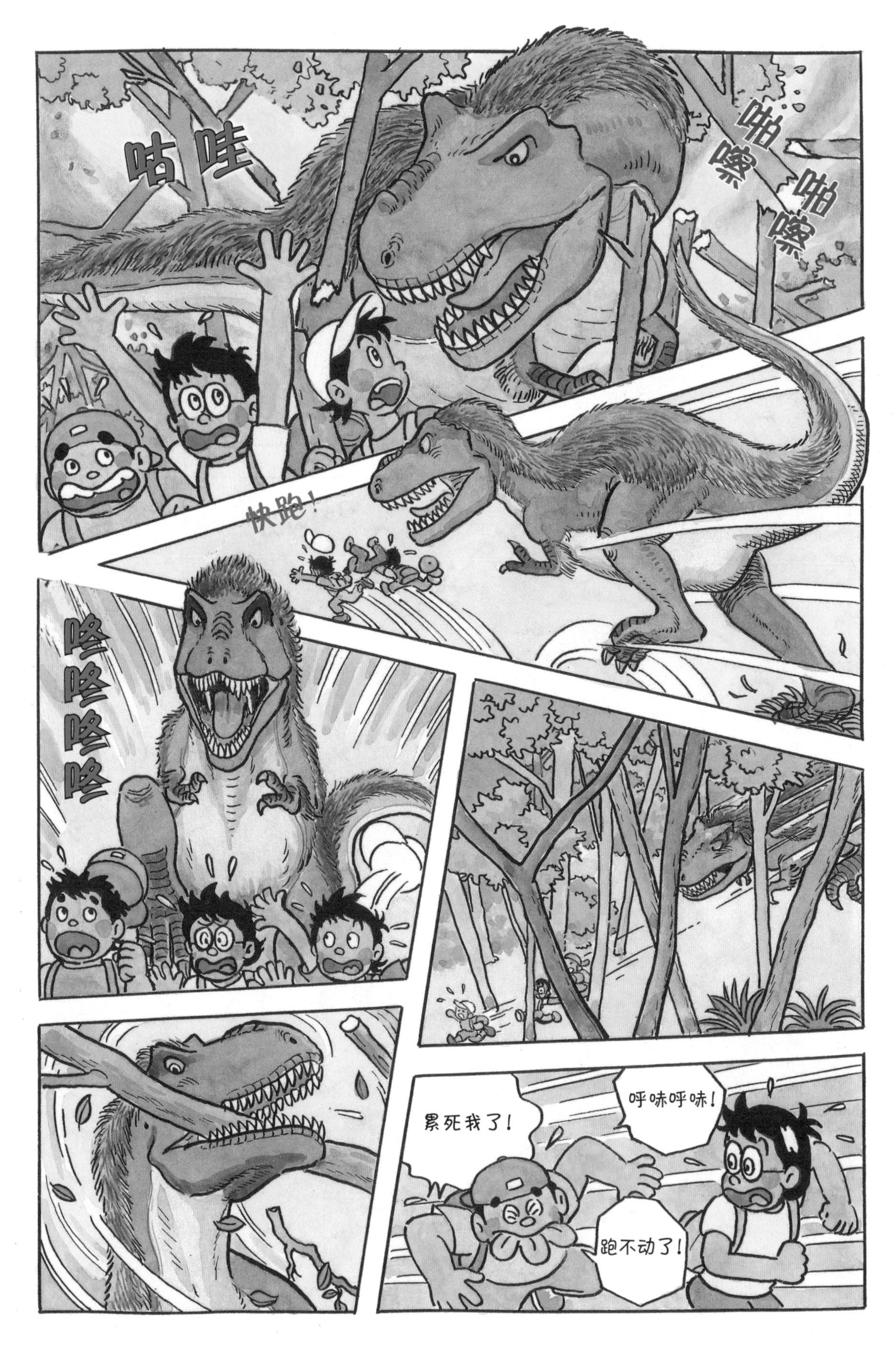
咕哇
啪嚓
啪嚓
快跑！
咚咚咚咚咚
累死我了！
呼哧呼哧！
跑不动了！

爬到那棵树上去！
嗒嗒嗒嗒
霸王龙不会爬树吧？

嗷呜呜呜
这也不行啊！
继续往上爬！

再高一
点儿！
快爬，
快爬！

爬不上
去了！

嗷呜
妈呀，
来了！

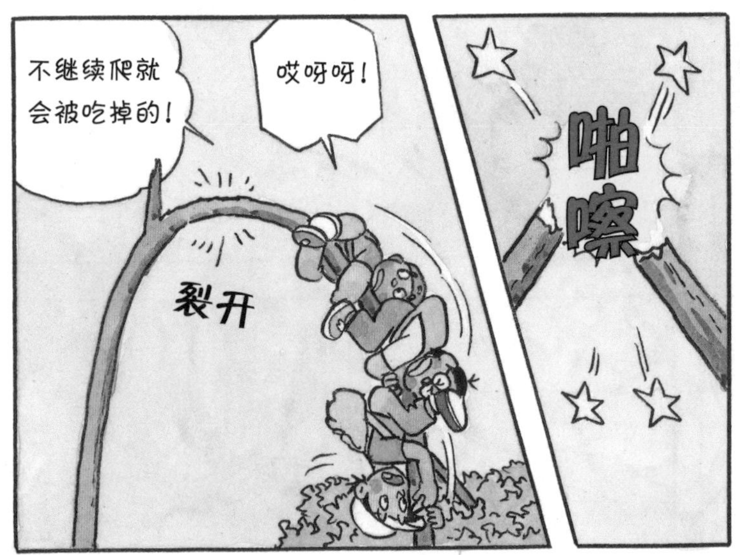
不继续爬就
会被吃掉的！
哎呀呀！
裂开
啪
嚓

咚

弹起
啪

倒地

抽搐
趁现在快跑！

嗒嗒嗒嗒

跑到这里就安全了吧？
气喘吁吁
疲惫不堪

差点儿就被吃了！
真的太危险了！

咦，
这儿有一条项链。

这种地方怎么会有项链呢？
可能是谁不小心掉的吧？

恐龙怎么可能会戴项链呢？

当然是除了我们之外的其他人掉的。

而且还是个女人。
会是个美女吗？

会是谁掉的呢？
一定是美女！
……

喊几声
试试吧。

喂，有人吗？

喂
喂
喂
有人吗？

……
……
没有回应呢。

该不会是已
经被恐龙吃
掉了吧？
吐

真遗憾！

轰隆隆

轰隆隆

咔嚓
咔嚓
哇！

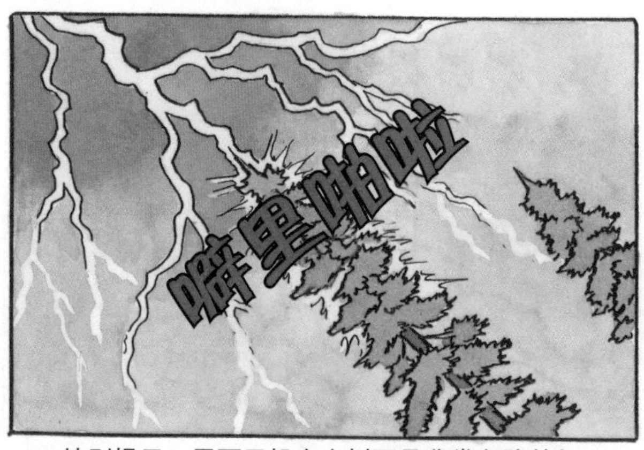

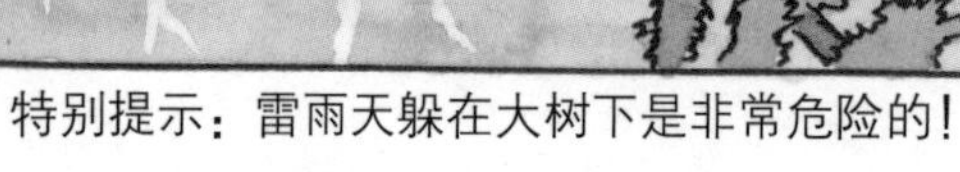
特别提示：雷雨天躲在大树下是非常危险的！

啪
哇！
咚
咚
咚
冒烟
燃烧

?

惊讶

原来是慈母龙呀！

它是温顺的草食龙。

你是谁？怎么躺在这里呀？

我是人类，被雷击晕了……

咦，恐龙竟然说……说话了！

要小心点哦。

嗯，说话了！
它刚才说话了，对吧？
转身离去

我们也听到了。
这是怎么回事儿？

我们突然能够听懂恐龙的语言了！
真是奇迹！

哎呀，你们跟过来了呀。

你嘴里叼着的是浆果吧？
这是给孩子们吃的。
孩子们都饿着肚子等着呢，我得快点儿回去。
木兰属植物

慈母龙

慈母龙就像现在的信天翁一样群居筑巢。从蛋中孵化出来的幼龙会在窝巢里待 3 个月左右，在这期间以父母带回来的食物为生。

哇，是慈母龙宝宝！
从蛋里孵出来了。
叽叽喳喳

宝宝们来吃浆果吧！

它们吃得好香啊！
叽叽喳喳
叽叽喳喳
叽叽喳喳
叽叽喳喳
刚出生的慈母龙宝宝
全长 30~35 厘米

真是太可爱了！

当孩子们长到足够大的时候，就可以离开家和我们一起行动了。

当我们把一片土地上的食物都吃光之后，就集体迁移到别的地方继续寻找食物。

在和大家一起旅行的过程中，孩子们就逐渐长大了。

这么小的慈母龙宝宝竟然能长到那么大呢！

啊，是伤齿龙！

有这么多小宝宝可以吃啊！
嘻嘻嘻

咬住
咬住

伤齿龙

伤齿龙的两只大眼睛都长在头部的前端，因此它们能够对事物进行立体的观测，从而准确地估算和猎物之间的距离。另外，它们的头部比较大，所以人们推测它们很聪明。

别捣乱！
咬
哇

我们饿了！
捕食猎物
有什么不对？！

慈母龙妈妈会
很难过的！

不让我们吃小宝宝，
那就吃你们好了！

哎呀！
啊！

张大嘴巴

砰

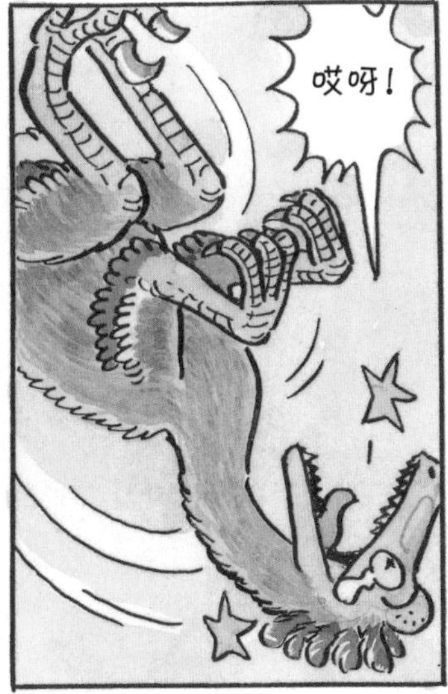
哎呀！

那边有可以当作武器的东西！
好！

是恐龙的骨头！

咚

啪
砰
咚

战斗结束！
以前我们的祖先就是用这样的骨头当武器在原始时代生存下来的吧！
噼里啪啦，噼里啪啦……
我们也要像祖先那样在恐龙时代生存下去！
好

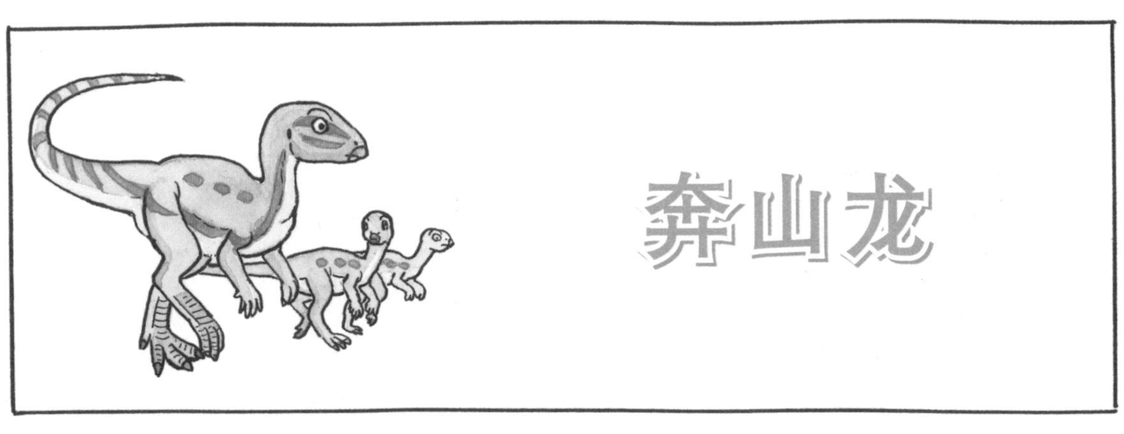
奔山龙

多亏你们保护了我们的孩子！
非常感谢！
你们太厉害了！

真是太棒了！
你们真勇敢！
太帅了！
过奖，过奖……

能保护你们是我们的荣幸！
我们怎么能眼睁睁地看着那么可爱的慈母龙宝宝被吃掉呢！

再见啦！

它们还在目送我们呢。
助人为乐的感觉真好！

帮帮我们吧！
我们可爱的宝宝被偷走了！
啊，那些恐龙……
是奔山龙。

偷宝宝的坏蛋在哪儿？
就在那边！

那不是刚才遇到的那些伤齿龙吗？

站住！
屡教不改！
把奔山龙宝宝还回来！

我们对自己的速度可是很有自信的！
能追上我们的话，就来吧！

可恶！
站住！

呼哧呼哧！
喘不上气。
再也跑不动了！
累死了！

我们是肉食恐龙。

为了生存才吃慈母龙和奔山龙的孩子。
你们有意见吗？

……
想活命，就别多管闲事！

被它们逃掉了。
对不起。

其实，伤齿龙说的也没错……
它们是肉食恐龙。
草食恐龙被它们吃掉也是没办法的事。

那我们也不能眼睁睁地看着它们把我们的孩子都偷走啊！

那边就是我们奔山龙的家。

奔山龙

用两条后腿走路的草食恐龙。长有角质喙，前腿较短，但后腿很长，能够快速奔跑。美国蒙大拿州曾经发掘到奔山龙的幼体骨骼，非常完整地保存在蛋壳之内。

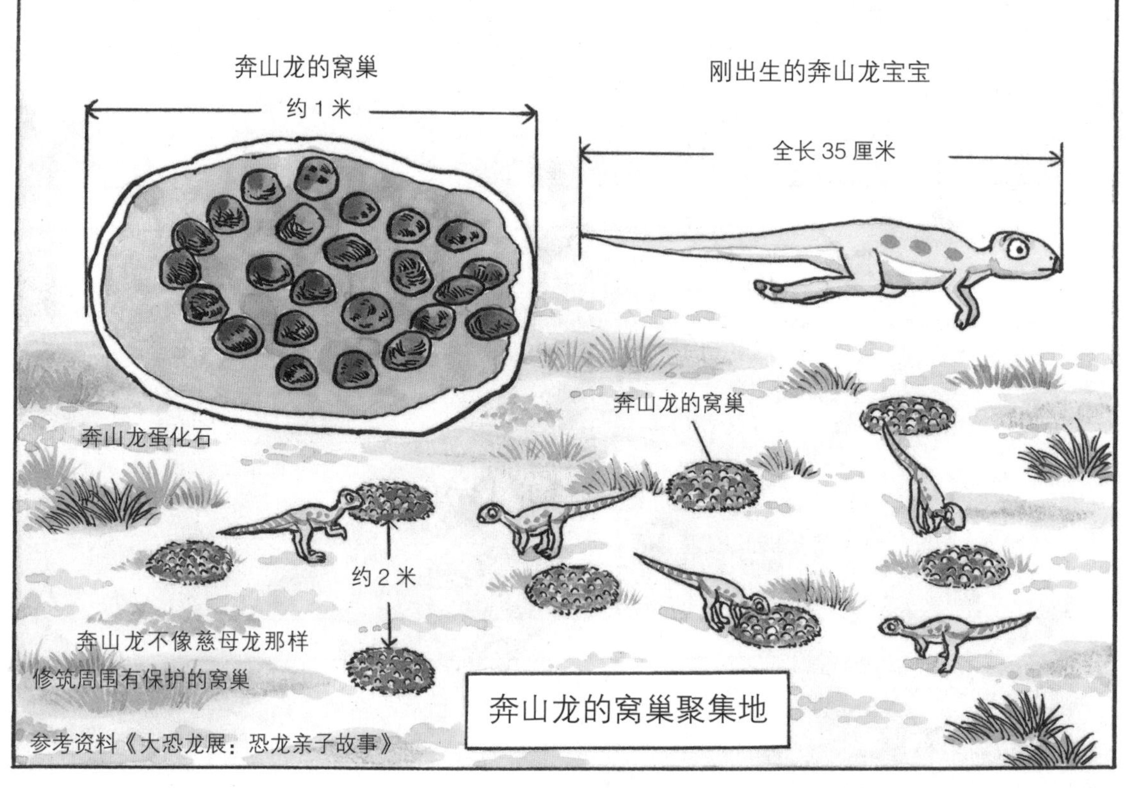

参考资料《大恐龙展：恐龙亲子故事》

刚孵化的宝宝就能离开窝巢了吗？

一个接一个地出去了呢！

宝宝们都很可爱呢！

慈母龙的宝宝们刚出生时是不会离开窝巢的吧？

呵呵呵……
得赶在伤齿龙袭击之前把孩子们带出这里。

慈母龙让孩子们待在窝里给它们喂食。
其实是过度保护了！

我们奔山龙的宝宝刚出生就能立刻离开窝巢和父母一起行动。
这样才能够更好地躲避肉食恐龙的袭击呀！

草食恐龙的生存环境真恶劣啊！
这些是什么蛋？

开始孵化了！

是恐龙宝宝！
钻出

糟了，是伤齿龙的宝宝……

狡猾的伤齿龙，总是把蛋产在我们的窝附近。
嘻嘻
嘻嘻

这样它们的宝宝出生后就可以吃掉我们的蛋和宝宝了。

伤齿龙真是太狡猾了！

看呀，伤齿龙宝宝接二连三地孵出来了！

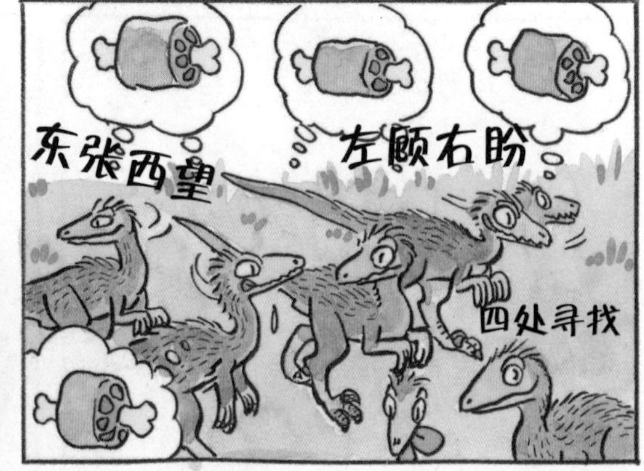
东张西望
左顾右盼
四处寻找

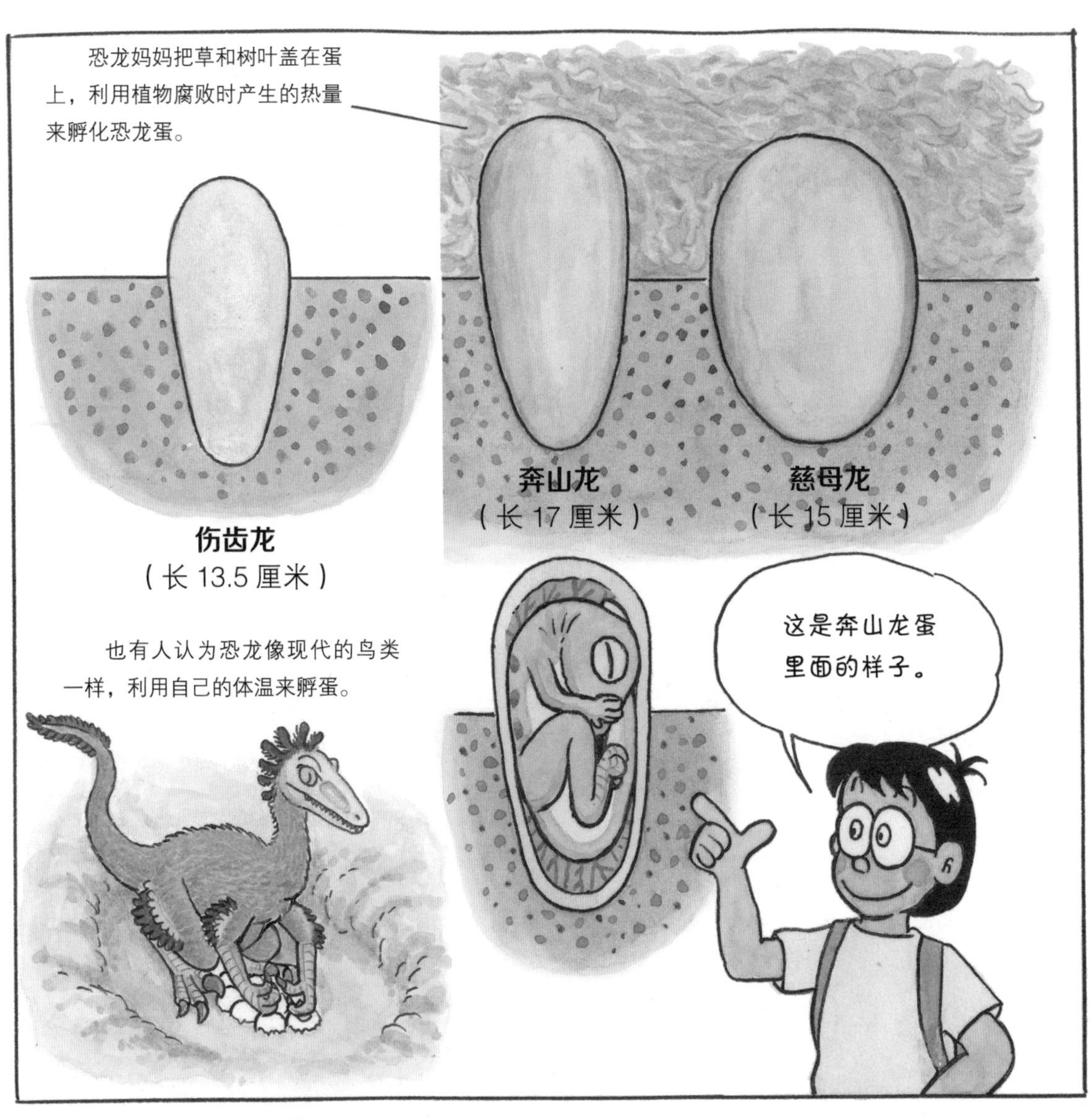
恐龙妈妈把草和树叶盖在蛋上，利用植物腐败时产生的热量来孵化恐龙蛋。
伤齿龙
（长 13.5 厘米）
奔山龙
（长 17 厘米）
慈母龙
（长 15 厘米）
也有人认为恐龙像现代的鸟类一样，利用自己的体温来孵蛋。
这是奔山龙蛋里面的样子。

糟糕，伤齿龙的孩子们要吃我们的宝宝！
看起来很好吃！

鸭嘴龙

走开!
不许靠近我的宝宝!
顶撞

宝宝们,快跟我逃跑!
嗒嗒嗒
可恶

真是弱肉强食的世界呀!
不过,有那么认真负责的妈妈保护它们,应该没问题吧。

可不要被伤齿龙吃掉了哦!
好的
嗒嗒嗒嗒
哼

哎呀,好疼!

幼龙都这么凶,不愧是肉食恐龙!

生活在侏罗纪的真双齿翼龙怎么会出现在白垩纪的天空中呢？真奇怪！

白垩纪早期的腱龙还和白垩纪晚期的结节龙一起出现了呢……
腱龙 白垩纪早期
结节龙 白垩纪晚期

这么说来，确实很奇怪。
还要加上我们这些人类呢！

我们能和恐龙交流，岂不是更有趣了？

而且还有这个项链的美女主人。
瞧！

是小副栉龙！

快逃呀！
哗啦哗啦

我们没有恶意！
我们是人类。
你们在洗澡吗？

如果发现肉食恐龙，要立刻上岸逃跑！
不能掉以轻心！

我们不是肉食恐龙，不必害怕。
真的吗？

我们帮你们看着，你们放心洗澡吧。
那就拜托你们了。

真是一派和谐的景象呀。

噗啵啵——
啵啵啵——
不好了，孩子们有危险！

啵啵——
噗啵——
爸爸妈妈发出了危险信号！

快逃！
啵啵啵——

快上岸！
哇

浮上

冲出
啊！

恐鳄
仅头部就接近 2 米长，是生活在北美洲和欧洲的巨大鳄类。
嗷嗷
这是什么？
危险！

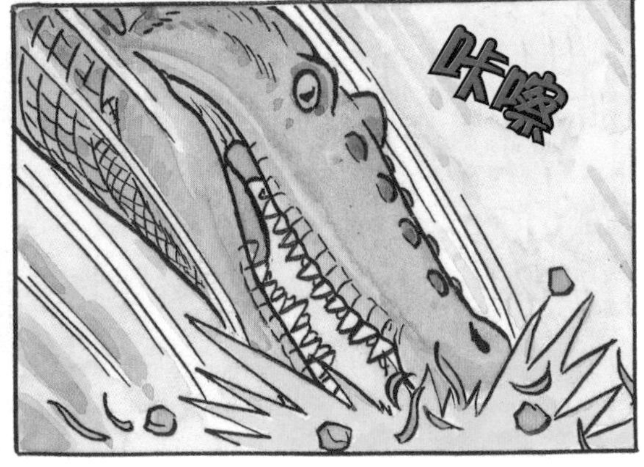
咔嚓

没抓到！

可恶！
转身离去

真是好大啊！

松了口气

小胖呢？
不见了！
去哪儿了呢？
东张
西望

难道被吃掉了？
完蛋了！

小胖——

谁在叫我？
出现

刚才真是太危险了，
幸亏我跳进了树丛！

你这家伙！
我们可都在担心你呢！
塞进去

副栉龙（几乎有冠饰的蜥蜴）
鸟脚类，全长 10 米，植食恐龙，生存于白垩纪晚期，化石发现于美国、加拿大。
雄性副栉龙头上的突起长达 1 米以上。副栉龙头上的突起可以通过呼气发出声音，声音十分低沉，能够传到很远的地方。
多亏了爸爸妈妈的信号才躲过一劫，千万不能掉以轻心呀！
不管在陆地上还是在水中，都有想吃我们的家伙！

刚才要是跑得慢可就糟糕了！
你们的动作太慢了！
那个鳄鱼真的好大呀！
简直是个怪物！
我的腿现在还在抖呢！

那是恐鳄，全长 15 米的可怕鳄鱼。
我们副栉龙的生命时刻都受到肉食恐龙和恐鳄的威胁。

噗啵啵啵
就算我们不跟在孩子们的身边，发现有危险的时候也可以用头上的突起发出警告！
头上有长长突起的是恐龙爸爸吧？
为什么不在孩子身边保护呢？
我怎么没见过你们呀？

这是什么恐龙？
又有小恐龙宝宝出现了。
目不转睛

咚咚咚咚
你们在干什么？
哇！

嗯……
从头顶的突起形状来看……

赖氏龙

赖氏龙可以说是鸭嘴龙中的代表。与头顶没有冠饰的鸭嘴龙相比，它们的嘴巴更窄。

盔龙
头上带有巨大冠饰的鸭嘴龙。

栉龙
栉龙的头部有一个骨管，骨管外部的皮肤能够像气球一样膨胀，发出巨大的声音。

山东龙

外形与埃德蒙顿龙很相似，但体型更加庞大。

埃德蒙顿龙

据说埃德蒙顿龙嘴巴前端的包裹物可以帮助它们采食植物的叶子。

你头上那个小小的突起也能发出声音吗？

只有头顶有大型冠饰的家伙们才通过冠饰发声，我们是用鼻子上面的隆起发出声音的。
啵
埃德蒙顿龙

那么，栉龙是怎样发声的呢？
科学家们推测栉龙头部骨管的外面，可能覆盖着一层松弛的皮肤。
栉龙

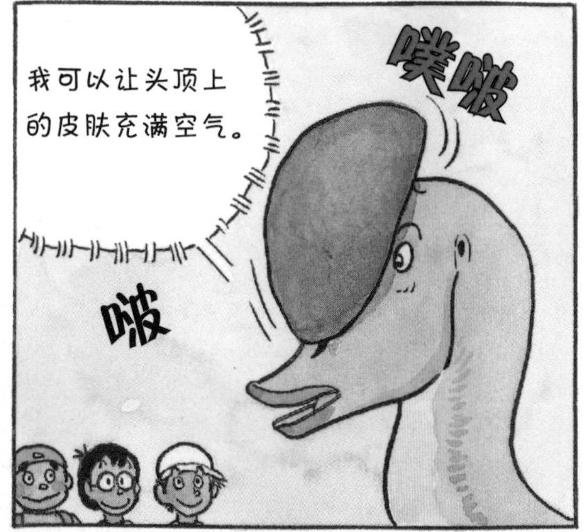
我可以让头顶上的皮肤充满空气。
噗啵
啵

副栉龙头顶的突起部分似乎能够通过空气。
它们的嗅觉也很灵敏。
副栉龙头顶的突起是鼻骨的一部分。
空气通道

你们平时都
吃什么呢？
吃这些。

能消化
掉吗？
吧唧
吧唧

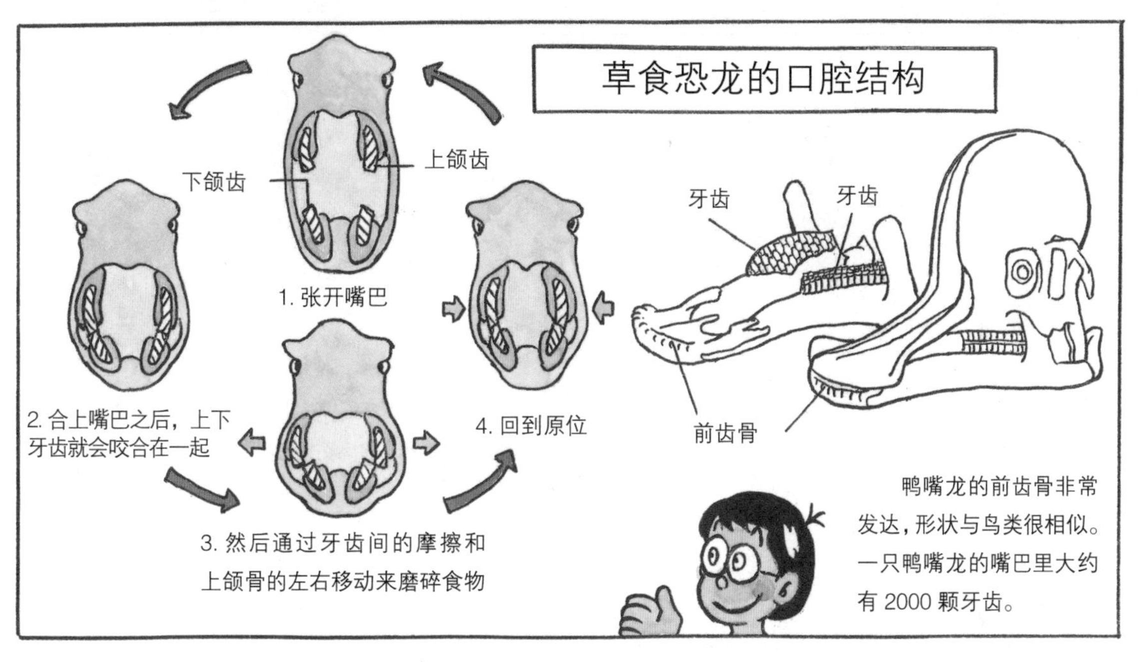
草食恐龙的口腔结构
下颌齿
上颌齿
1. 张开嘴巴
2. 合上嘴巴之后，上下
牙齿就会咬合在一起
3. 然后通过牙齿间的摩擦和
上颌骨的左右移动来磨碎食物
4. 回到原位
牙齿
牙齿
前齿骨
鸭嘴龙的前齿骨非常
发达，形状与鸟类很相似。
一只鸭嘴龙的嘴巴里大约
有 2000 颗牙齿。

鸭嘴龙的脸颊
就像一个装食
物的袋子。
吧唧 吧唧
食物都装
在这里。

我们把磨碎
的食物都装
在脸颊里。
如果都能嚼
碎，就容易
消化了。

我们要走了!

?

你不是副栉龙宝宝吗,
怎么跟我们走了?
啊!

糟糕了!

下次仔细看头
上的冠饰形状
就不会认错了。
咚
好疼！

原来它们是靠
冠饰的形状来
分辨同类的！

啵 啵 啵
啵
还挺热闹的。

据说到了白垩纪
晚期，鸭嘴龙的
数量还有很多呢。

驰龙

驰龙是一种小型的肉食恐龙，脑袋和眼睛都很大，行动异常迅速，长有锋利的牙齿。后脚上长着好像尖刀一样的利爪。狩猎时成群发动攻击。

据说驰龙拥有敏锐的视力和较高的智慧，相当于恐龙时代的鬣狗和野狼。

找到了！

这是……

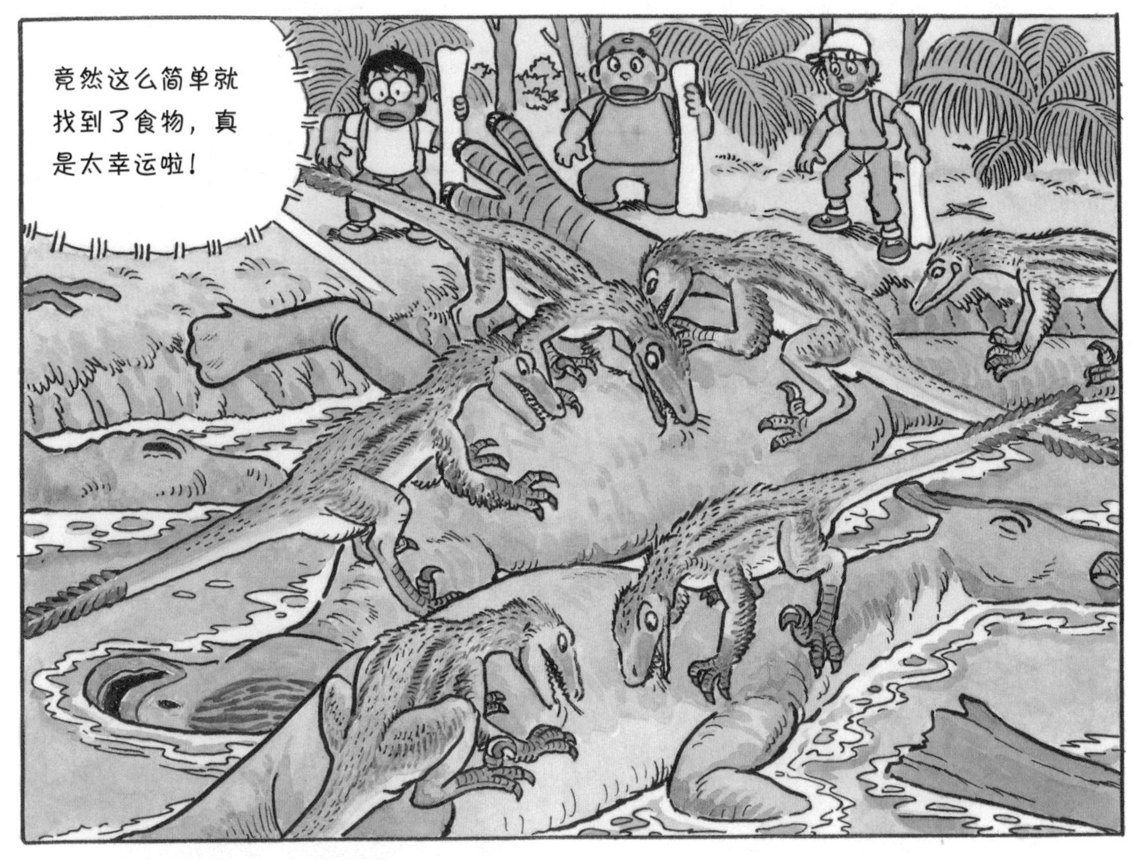
竟然这么简单就
找到了食物，真
是太幸运啦！

我可要饱
餐一顿！
大口大口

这些恐龙
是被淹死
的吗？

如果是死于洪水，可能会
被来自上游的沙石埋住，
然后变成化石呢！

恐龙化石的形成过程

恐龙的尸体被埋在沙土或者河流底部，肉体组织腐败后只剩下骨骼。

恐龙骨骼被一层层沙土盖住。

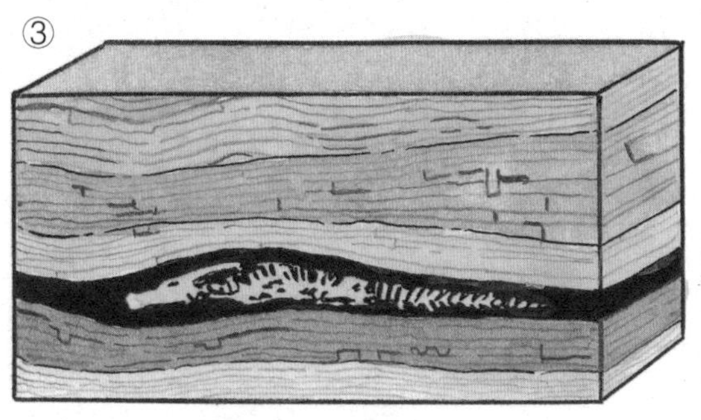

经过数千年的演变，骨骼周围的沙土变成了坚硬的岩石，骨骼变成了化石。

因为地球内部的运动使地层发生变化，恐龙化石出现在地表附近，然后被人类发现。

被发现的厚鼻龙尸骨层模型

厚鼻龙　　全长 6 米

喜欢吃鱼的恐龙

看驰龙吃得那么香，
我也饿了。

河里有好多鱼啊！
不知道这里的
鱼味道如何？

！
跃出

哇！

咚

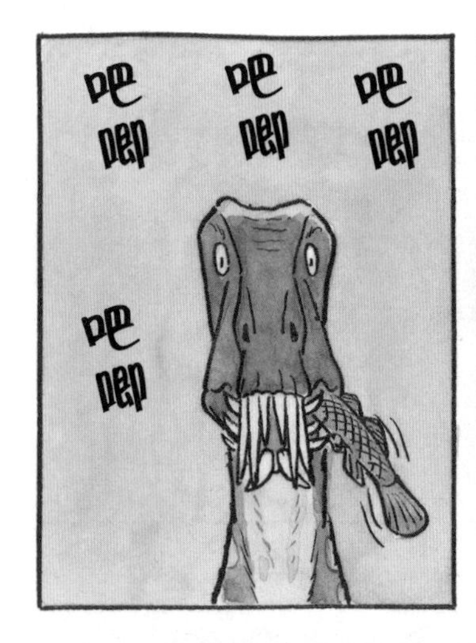
吧唧
吧唧
吧唧
吧唧

那是什么？

是恶龙，吃鱼的恐龙。

恶龙
恶龙独特的外形非常便于其捕食昆虫、鱼类、蛇和蜥蜴等猎物。
舔一舔

跃出

啪

哗啦

冒出

啊，快逃！

吓死人了！

抱歉！
吓着你们了。

这鱼很好吃，
要尝尝吗？

我想吃。

肚子都
饿瘪了。
那我再去多给
你们抓点儿。

真厉害！

把鱼穿起
来……

香气扑鼻啊！

真是辛苦你啦。

重爪龙

重爪龙似乎生活在河边。因为在其胃中发现了被胃酸溶解的鱼鳞化石，因此推测其以鱼类为食。

又抓住一条！
扑哧

要多少，有多少！

大丰收！多吃点儿吧。
这些鱼生吃，味道也不错呢！

科学家曾在你们化石的胃里发现了被胃酸溶解的鳞齿鱼的鱼鳞化石。
是吗？
鳞齿鱼
鱼鳞化石
所以科学家推测你们一定是吃鱼的。

哗啦

棘龙

棘龙的背部有最高可达 1.7 米的帆。这个帆的作用可能是用来调节体温的。棘龙的下颌和牙齿与鳄鱼很相似。除了鱼类之外，棘龙可能也吃陆地上的小动物和腐肉。

这是我从海
里抓来的鱼，
吐出
你们也尝
一尝吧！
咚
腔棘鱼
这鱼肉非常
肥美哦！
香喷喷

好香的
味道呀！
吧嗒 吧嗒
香气扑鼻

是真双齿
翼龙！
还系着蓝色
的手绢！

抓住啦！
扑哧

哎呀！

把这个也烤着
吃了吧。
哎呀，我的翼
膜被捅破了！

没办法飞了！
让我怎么
活啊！

我们找不到蓝手绢做记号
的地方就回不了家了！
谁让你把它
拿下来的？
让我们怎么
回家啊！

?
我好像闻到了一股很香的味道。

嗯？
是你们几个！

妈呀！
快跑啊！

你们让我吃了不少苦头啊！
我一直在找你们呢！
咚
咚
咚
咚

站住！

可别被吃掉了啊！

你还记得在哪里拿到
这条蓝手绢的吗？
我想想……

在什么地
方来着？
？

对了，
在左边！

啊，不对，
是右边！
唉！

咚咚咚咚咚咚
嗒嗒嗒嗒嗒

你们逃得
倒是挺快！
嗒嗒嗒
咚
咚咚

就是那边
那个树丛！
很好，
快跳进去！

嗖

咚

干吗突然
停下？

哎呀！

咚咚咚咚

在那，就是
那个树丛！
太好了！

听天由命吧！
快进去！

嗖
隧道果然
在这儿！

太好了！
站住！

砰

啪嚓
啪
嚓

嗷呜
咬住
咔嚓
真是千钧一发！
看样子它进不来。

气急败坏

一直往前走。

终于回到绳梯这里了！

松了口气
ホッ

小健的家

翼龙不会飞的话可太惨了！

妈妈，你能把这个破了的地方缝好吗？

哎呀！
怪物啊！
能不能缝好呢？
太帅了！
第一册完

真锅真博士的恐龙讲座
“恐龙究竟是怎样的生物”

图1 翼龙翅膀与鸟类翅膀的比较

翼龙的翅膀是从无名指伸展出来的，长有翼膜。鸟类的翅膀则是从拇指、食指和中指伸展出来的，翅膀上长有羽毛。

恐龙虽然属于爬行动物，但却发生了和其他爬行类完全不同的进化，成为当时地球上的王者。虽然在本书一开头出现的真双齿翼龙那样的翼龙和双叶铃木龙那样的长颈龙也经常出现在恐龙图鉴上，并且分别被称为“空中的恐龙”和“海里的恐龙”，但实际上它们的进化路线完全不同，最终进化成了完全不同的爬行类生物。

现在的爬行类生物主要有乌龟、鳄鱼、蜥蜴和蛇，大致上可以分为以乌龟和鳄鱼为代表的初龙类以及以蜥蜴和蛇为代表的鳞龙类。现在科学界认为，翼龙和恐龙由初龙类进化而来，长颈龙则由鳞龙类进化而来。但不管是初龙类还是鳞龙

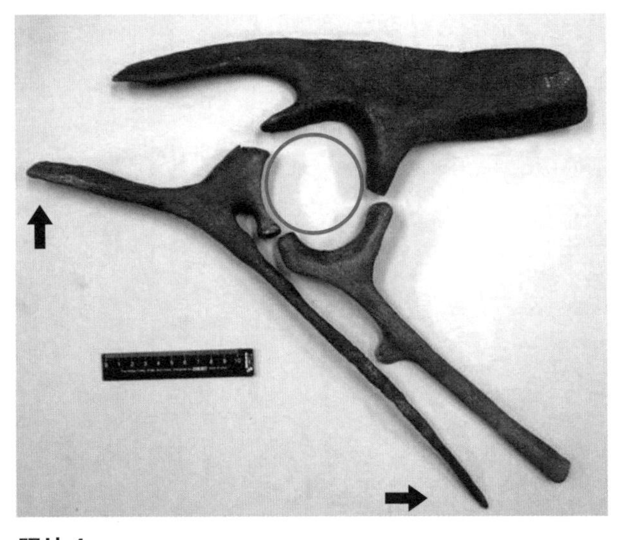

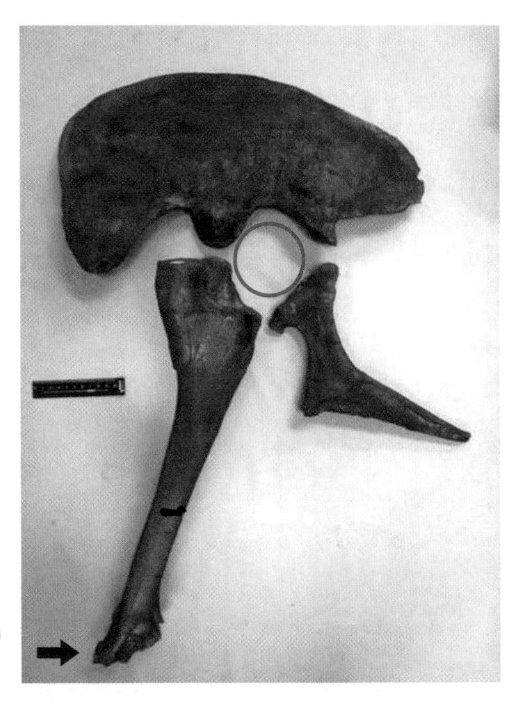

照片 1

不管是蜥臀类（右图）还是鸟臀类恐龙，股关节处都有一个圆形的空缺。耻骨的前端（箭头处）向髋骨臼（股关节：红圈）前斜下方延伸的是蜥臀类。（照片来源：日本国立科学博物馆的收藏标本）

类，爬行类的四肢都是从身体两侧伸出的，只能趴在地上，身体左右摆动前行。一部分爬行类的手部无名指异常突出，并且长出翼膜，从而进化成了翼龙（图 1）。随着无名指越来越长，翼膜也变得越来越大甚至一直连接到腿部，最终演变成了翅膀。但是由于翼龙的胸部并没有足以支撑发达肌肉的骨骼结构，所以现代科学界认为翼龙并不能直接起飞，而是只能像滑翔机一样在空中滑翔。

在用四足爬行的爬行类中进化出了用两条后腿直立行走的生物，这就是最初的恐龙。普通的爬行类股关节处只有一个很浅的窝，而恐龙的股关节处则是一个贯通的空洞（照片 1）。这样一来，恐龙的大腿骨就能够深深地嵌入股关节之中，使其双腿能够直立行走。通过恐龙化石可以看出，恐龙不再像爬行动物那样需要全身左右摆动前进，而是只需要双腿前后交替即可前进（图 2）。这样一来，恐龙可以比其他的爬行类前进得更快，消耗同样的时间和体力，恐龙能够前进的距离更长，因此恐龙在当时的时代脱颖而出，成为地球的主人。在爬行类中，贯通的股关节最早出现在恐龙身上，也只有恐龙演变出了这种进化。翼龙和长颈龙的股关节并没有贯通，因此它们不能算作恐龙。

图 2 普通爬行类与恐龙行走方法的区别

恐龙的腿骨结构如右图所示，大腿骨深深地嵌入股关节之中，因此能够直立双腿前后交替行走。而普通爬行类的腿部则不能直立，只能爬行。[图片参考：Fastovsky & Weishampel (2012) .Dinosaurs-A concise history.2nd edition.Cambridge University Press]

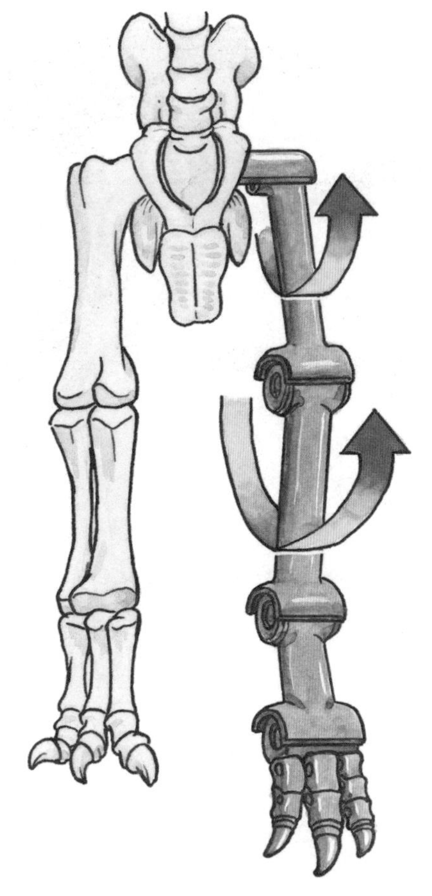

现代科学界认为三叠纪 (2 亿 5100 万年前—1 亿 9960 万年前) 时期出现的最初的恐龙是全长 2 米左右的肉食动物。从三叠纪晚期到侏罗纪晚期 (2 亿 3700 万年前—1 亿 4550 万年前) 的这段时间里，愈发大型化的恐龙中出现了蜥脚类恐龙。蜥脚类在大型化的过程中重新回归了四足行走。因为与 2 条腿相比，4 条腿能够更好地支撑庞大的身躯。蜥脚类中包括超龙、阿根廷龙、马门溪龙等有史以来最庞大的陆生生物。哺乳类生物之所以没有蜥脚类生物那么大，是因为哺乳类生物在成年后就不再继续生长，而蜥脚类则随着年龄的增加而不断生长，所以就会越来越大。蜥脚类的祖先是恐龙中以植物为食的第一批恐龙，因此蜥脚类恐龙的牙齿只能将植物撕扯下来，并不能将其磨碎，而植物纤维比肉更加坚硬，所以在肠道内需要更多的时间来进行消化。蜥脚类因此进化出了特别长的肠道以及用来收藏这些肠道的庞大身躯。从这个角度来看，蜥脚类之所以进化得如此庞大，实际上是被迫的。

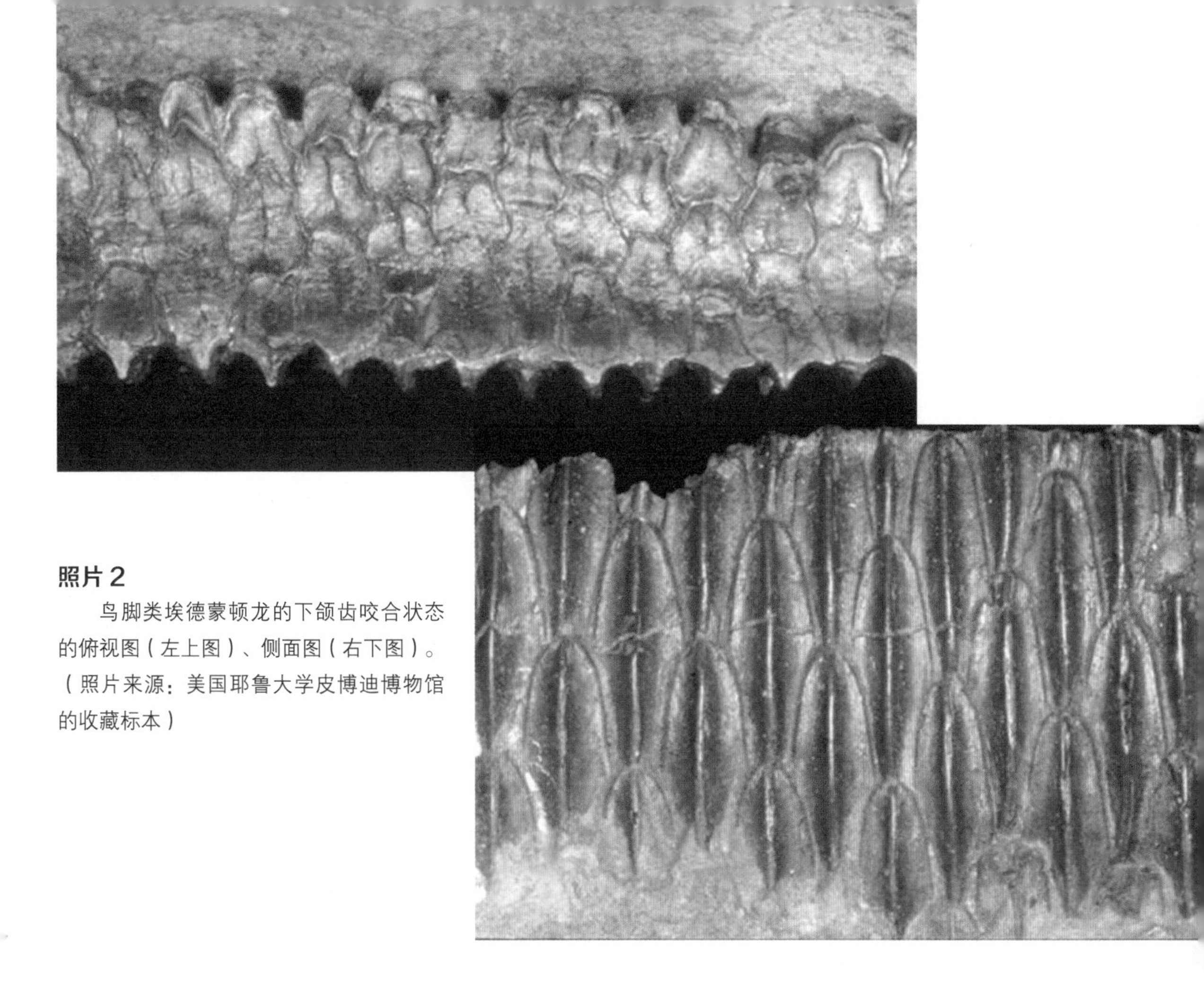

照片 2

鸟脚类埃德蒙顿龙的下颌齿咬合状态的俯视图（左上图）、侧面图（右下图）。（照片来源：美国耶鲁大学皮博迪博物馆的收藏标本）

在侏罗纪（1 亿 9960 万年前—1 亿 4550 万年前）进化出庞大身躯的蜥脚类进入白垩纪（1 亿 4550 万年前—6600 万年前）之后，在北半球却不再像之前那样拥有多样性，个体数量也越来越少。取而代之的是，在北半球大量出现的鸟脚类的鸭嘴龙。它们虽然也以植物为食，但并没有像蜥脚类那样进化出庞大的身躯。正如漫画中介绍过的那样，它们拥有非常发达的牙齿，能够做出和哺乳动物一样咀嚼的动作将食物磨碎（照片 2）。因为植物纤维在口中就已经被分解到一定程度，所以它们不需要像蜥脚类恐龙那样长的肠道，自然也就不需要进化出庞大的身躯了。

伊东章夫

1937 年出生于日本石川县。漫画家。凭借系列科学漫画《寻访先祖亿万年》(原作·井尻正二，新日本出版社出版)获得 1975 年日本漫画家协会奖优秀奖。主要作品有《日本的历史 1 日本的黎明 原始时代》（学习教育出版）、《儿童救急大辞典》（共著，理论社）、《用漫画与相机了解奥州小路》全 3 卷（共著，理论社）、《狼少年肯》（复刻版，漫画商店）、《漫画迷时恐龙大行进》系列全 15 卷（共著，理论社）、《科学漫画系列》全 7 卷（新日本出版社）。

真锅真

1959 年出生于日本东京都。恐龙博士。在英国布里斯托大学取得理科博士学位。现在担任日本国立科学博物馆地质学研究部生命进化史研究组组长。主要作品有《恐龙是怎样变成鸟类的：鸟学大全》（共著，东京大学综合研究博物馆）、《日本恐龙探险队》（共著，岩波 Jr. 新书）等，还监修了多本图鉴。

图书在版编目（CIP）数据

恐龙博物馆历险记. 1, 误闯恐龙世界 / (日) 伊东章夫著 ; (日) 真锅真监修 ; 朱悦玮译. —沈阳 : 辽宁科学技术出版社, 2022.5

ISBN 978-7-5591-2209-4

Ⅰ. ①恐… Ⅱ. ①伊… ②真… ③朱… Ⅲ. ①恐龙－儿童读物 Ⅳ. ①Q915.864-49

中国版本图书馆CIP数据核字(2021)第170388号

出版发行：辽宁科学技术出版社
（地址：沈阳市和平区十一纬路 25 号　邮编：110003）
印 刷 者：辽宁新华印务有限公司
经 销 者：各地新华书店
幅面尺寸：185mm × 260mm
印　　张：5
字　　数：150 千字
出版时间：2022 年 5 月第 1 版
印刷时间：2022 年 5 月第 1 次印刷
责任编辑：姜　璐
封面设计：吕　丹
版式设计：吕　丹
责任校对：闻　洋

书　　号：ISBN 978-7-5591-2209-4
定　　价：32.80 元

投稿热线：024-23284062
邮购热线：024-23284502
E-mail：1187962917@qq.com